轻松烹饪，
一口铸铁锅就OK！

［法］文森特·阿米艾勒 著

［法］德芬·阿玛-孔斯唐缇尼 摄影

张紫怡 译

电子工业出版社
Publishing House of Electronics Industry
北京·BEIJING

目录

红甜椒秘汁鸡

红咖喱鸡肉丸子

香草白母鸡

红菜头烤仔鸡

鹌鹑炖卷心菜

血橙烤鸭

别忘了盐和辣椒

猪腰鼠尾草

西班牙辣味香肠面

北非辣椒油浸羊腿

唐杜里咖喱羊肉

无花果油封羊排

紫甘蓝苹果小羊腿

番茄汁焖牛肉丸

藏红花炖牛肉

科伦坡粉烩牛肉

墨西哥焖牛肉

勃艮第炖牛肉

迷迭香啤酒炖牛肉

惊喜白菜包

百里香烤小牛肉

洋蓟焖小牛肉

独家奉上
牛肉爱好者！

黄酒炒牛肉

目录

盐腌肉焖蔬菜

苹果酒炖猪脸肉

照烧汁焦糖猪肉

香辣番茄炖香肠

平菇兔肉

绿咖喱牡蛎

樱桃番茄炖章鱼

鲷鱼杂烩

白汁鳒鱼

藏红花海鲜奶油杂烩

辣炖菜花

橘子炖苦苣

写在前面

用铸铁锅做菜优点多多！它耐高温，可在燃气灶、电磁灶、烤箱间任意转换。

铸铁锅导热性能好，不论快煮还是慢炖，都是你制作酱汁和煨炖类菜肴的绝佳选择。

窒息式烹饪法（盖上锅盖加热）能防止水分流失，避免食物烧干，最大程度地保持原汁原味，让各种食材味道充分融合。

尽管发挥创意使用铸铁锅吧！不管是二人世界还是多人聚会，选一口大小合适的锅，一切尽在掌握！

田园蔬菜锅

意式芝麻菜青酱烩饭

水果塔吉锅

香草焦糖菠萝

小豆蔻牛奶布丁

红酒烤梨

 美味极了!!!

红甜椒秘汁鸡

柠檬 半个 +3个切片

洋葱 半个 切碎

杏仁 20克 切碎

鸡腿 8个

樱桃番茄 500克 从中间切开

红甜椒粉 3汤匙

香菜 1小把

橄榄油 适量

盐 适量

1 鸡腿均匀抹上盐，撒上红甜椒粉，放入锅中。随后向锅中加入橄榄油、樱桃番茄、柠檬片和杏仁碎。盖上锅盖放入烤箱加热15分钟。

2 将香菜、洋葱碎、半个柠檬挤汁、少许橄榄油和1小撮盐混合均匀调成酱汁。将酱汁淋在鸡肉上即可享用。

4 人份

食材准备：20分钟

预热温度：200℃

加热时长：20分钟

好香啊！

红咖喱鸡肉丸子

椰奶 500毫升

白芝麻 半汤匙

柠檬草 2根 切碎

小葱 2根 切碎

鸡胸肉 700克

泰式红咖喱酱 1汤匙

盐 适量

姜 50克 切成丝

做法

1. 锅内放入葱末、姜丝、柠檬草，加入泰式红咖喱酱、椰奶和3小撮盐，煮滚后煨炖片刻。

2. 鸡胸肉搅碎成肉馅，撒上盐，用蘸了水的汤匙团成二十多个丸子。

3. 丸子下锅，撒上白芝麻，盖上锅盖放入烤箱加热10分钟。

4 人份

食材准备：20分钟

预热温度：180℃

加热时长：20分钟

撒上少许香菜末
更好吃哦!

做法

1 鸡切成小块，均匀抹上盐和面粉。将鸡肉放入锅中，小火微煎一下。加入少许橄榄油、洋葱、白葡萄酒，0.5升水，鸡汤浓缩块和香料包（百里香、月桂叶）。

2 放入烤箱加热45分钟。鸡肉熟了后再加入切碎的香草（香龙蒿、欧芹、香叶芹），撒上适量黑胡椒粉。

4~5 人份

食材准备：20分钟

预热温度：200℃

加热时长：50分钟

香草白母鸡

- 鸡 1只
- 香料包（百里香、月桂叶）1包
- 鸡汤浓缩块 1块
- 面粉 1汤匙
- 洋葱 1个 切碎
- 香龙蒿、欧芹、香叶芹 各三分之一束
- 白葡萄酒 120毫升
- 盐、黑胡椒粉、橄榄油 适量

配上一碗杂烩饭就更好吃了!

红菜头烤仔鸡

- 盐、黑胡椒粉、橄榄油 适量
- 鸡汤浓缩块 1块
- 香醋 60毫升
- 香草束（百里香、月桂叶）
- 红菜头 1个 切块
- 大个仔鸡 1只
- 洋姜 200克 切块
- 薄荷 4小束

1. 滚水中加入盐，烫煮红菜头、洋姜10分钟。

2. 仔鸡内外均抹上盐、黑胡椒粉，表面涂上橄榄油，放入锅中煎一下，再加入红菜头和洋姜块。随后倒入香醋、400毫升水，最后放入鸡汤浓缩块和香草束（百里香、月桂叶）。

3. 盖上锅盖后放入烤箱加热40分钟，取出后加少许盐、黑胡椒粉，上桌前撒几片薄荷叶做装饰。

3 人份

食材准备：20分钟
预热温度：180℃
加热时长：1小时

好吃到惊掉了下巴！

鹌鹑炖卷心菜

做法

1. 卷心菜剥开,切成大块,放入加了盐的滚水中烫5分钟,再放入冷水中冷却一下。

2. 鹌鹑体内抹上盐和黑胡椒粉。用细线把鹌鹑和意大利熏脊肉缠在一起,放入锅中,加入橄榄油、洋葱煸炒。

3. 加入大蒜末、洋葱、卷心菜和半杯水。加入盐、黑胡椒粉调味,最后撒上干牛至末,放入烤箱加热25分钟。

3 人份

食材准备:20分钟
预热温度:200℃
加热时长:35分钟

盐 黑胡椒粉 少许
卷心菜 半个
鹌鹑 3只
大蒜 1瓣 切碎
意大利熏脊肉 6薄片
牛至末 1汤匙
小个洋葱 9个
橄榄油 适量

吃卷心菜对身体好！

血橙烤鸭

香料包 1包

鸭胸肉 3块 每块对半切

甜菜头 400克 切薄片

盐 黑胡椒粉 适量

血橙 6个

做法

1 取3个血橙去皮后氽烫,再放入冷水里浸一下。随后继续放入滚水里氽烫,再换水重复一次。

2 将氽烫好的3个血橙榨汁,另外3个血橙剥皮后掰成数瓣。

3 鸭胸肉抹盐后入锅,将有鸭皮的一面放在锅底。加入橙汁、香料包、甜菜头和橙皮。撒盐、黑胡椒粉,放入烤箱加热8分钟。上桌前装饰上橙子瓣。

6 人份

食材准备:15分钟
预热温度:180℃
加热时长:20分钟

只需花10分钟即可温习法式经典菜!

猪膘鼠尾草

- 鼠尾草 数片
- 全脂牛奶 75毫升
- 鸡蛋 2个
- 面包屑 适量
- 帕尔玛干酪 50克
- 盐 黑胡椒粉 适量
- 松子 一把
- 烟熏猪肉块 200克
- 意大利乳清干酪 500克
- 面粉 8汤匙

做法

1. 将意大利乳清干酪、鸡蛋、帕尔玛干酪、面粉、面包屑、盐、黑胡椒粉混合,团成二十多个丸子,再放在面粉里滚一滚。

2. 将烟熏猪肉块放在锅里快煎一下。随后加入牛奶和鼠尾草,用盐、黑胡椒粉调味,煮开。

3. 将丸子置于锅中,表面撒上松子,盖上锅盖放入烤箱加热13分钟。

4 人份

食材准备:15分钟
预热温度:180℃
加热时长:20分钟

100%法国家常菜！

西班牙辣味香肠面

- 橄榄油 适量
- 洋葱 1个 切碎
- 百里香 数枝
- 鸟舌面 500克
- 白葡萄酒 12毫升
- 番茄 4个 切成碎丁
- 西班牙辣味香肠 1根 切丁
- 大蒜 2瓣 切碎

做法

1. 锅中加入橄榄油，将西班牙辣味香肠丁、洋葱碎、大蒜碎、百里香在锅中翻炒。

2. 锅中加入鸟舌面（还可选择其他形状的意大利面，如贝壳面）再翻炒2分钟。将白葡萄酒和番茄丁入锅煮3分钟，然后加1升水和盐。盖上锅盖放入烤箱加热5分钟。鸟舌面口感要保持筋道，要浸在汤里。

6 人份

食材准备：10分钟

预热温度：180℃

加热时长：15分钟

一定颇受好评!

北非辣椒油浸羊腿

做法

1. 羊腿肉抹盐。锅中加入橄榄油，把羊腿肉各个面都均匀煎一下。

2. 将北非红辣椒酱和蜂蜜搅拌均匀，刷在羊肉上。把大蒜瓣和百里香挨着锅沿放入锅里。

3. 盖上锅盖放入烤箱加热1小时。上桌前，撒上香菜碎和薄荷叶。

6人份

食材准备：10分钟
预热温度：200℃
加热时长：1小时10分钟

- 薄荷叶 3枝
- 香菜 3根
- 北非红辣椒酱 2汤匙
- 羊腿肉 1.24克 去骨
- 蜂蜜 2汤匙
- 柠檬百里香 3小把
- 大蒜 3瓣
- 盐、橄榄油 适量

我们都爱吃炖菜！

唐杜里咖喱羊肉

做法

1 锅中加入橄榄油，将羊肉微煎一下。随后加入唐杜里咖喱粉、奶油和1小撮盐。

2 盖上锅盖放入烤箱加热45分钟。然后再加入蔬菜叶，随后再加热15分钟。

6 人份

食材准备：15分钟
预热温度：180℃
加热时长：1小时10分钟

橄榄油 适量

奶油 500毫升

蔬菜叶（自选）
1把 撕成碎状

羊肉 1.4千克 切成块

唐杜里咖喱粉 2汤匙

盐适量

简单！好吃！

无花果油封羊排

羊肋排 5条

薄荷 数枝

黄油 适量

干无花果 18颗

芫荽籽 1咖啡匙

盐少许

姜粉 1咖啡匙

做法

1 将干无花果置于温水中浸泡30分钟。羊肋排抹盐后,在锅中用黄油煎至变色。

2 锅中加入无花果、芫荽籽、姜粉和两杯水。

3 放入烤箱加热25分钟,中间记得要在羊排上洒少许水。上桌前放上薄荷做装饰。

3 人份

食材准备:15分钟

浸泡时间:30分钟

预热温度:200℃

加热时长:25分钟

应季时，用鲜无花果更美味哦！

紫甘蓝苹果小羊腿

做法

1 羊排入锅煎一下，加盐、黑胡椒粉调味。随后锅中加入肉桂叶、红葡萄酒、蜂蜜、四香粉，放入烤箱加热50分钟。

2 加入紫甘蓝丝和苹果块。加入盐、黑胡椒粉，再次放入烤箱加热45分钟。

4 人份

食材准备：25分钟
预热温度：180℃
加热时长：1小时45分钟

盐 黑胡椒粉 少许
蜂蜜 1汤匙
小羊腿 2个
红苹果 2个 切块
肉桂叶 2片
紫甘蓝 半个 切丝
红葡萄酒 1杯
四香粉 1咖啡匙（白胡椒、肉豆蔻、姜、丁香）

可以将苹果换成你喜欢吃的任何水果！

番茄汁煨牛肉丸

做法

1 将牛肉馅团成三十多个牛肉丸子，在加了橄榄油的锅里微煎一下，取出。随后锅中放入洋葱丝、大蒜碎、红辣椒粉、孜然翻炒。

2 加入番茄、橄榄油和盐，小火煨炖20分钟。最后加入肉丸，再炖10分钟。上桌前撒上罗勒。

6 人份

食材准备：15分钟
加热时长：40分钟

- 番茄 800克 切丁
- 橄榄 1把
- 橄榄油 适量
- 洋葱 1个 切丝
- 牛肉馅 900克
- 罗勒 1把
- 大蒜 3瓣 切碎
- 孜然 1汤匙
- 盐 适量
- 红辣椒粉 1汤匙

配上意大利面,简直完美!

藏红花炖牛肉

- 洋葱 1个 切成两半
- 土豆 6个
- 丁香花蕾 3颗
- 牛肉（带髓骨的牛尾）2千克
- 藏红花 少许
- 胡萝卜 3根
- 百里香 数枝
- 芜菁（大头菜）3个
- 大葱 2棵 切成两段
- 盐 少许

1 将丁香花蕾捆扎在洋葱上。把所有蔬菜、牛肉和藏红花全部放入锅中，加入2升水。

2 盖上锅盖，小火煨炖3小时。上桌前撒少许盐。

6 人份

食材准备：20分钟

加热时长：3小时

第二天吃更美味!

科伦坡粉烩牛肉

面粉 1汤匙
红薯 1大个 切成块
橄榄油 少许
牛肉 1.3千克
大蒜 3瓣 切碎
科伦坡粉 2汤匙
洋葱 1个 切碎
百里香 3枝
盐 少许
肉桂叶 2片

1. 将牛肉均匀抹上面粉,放入锅中加少许橄榄油煎一下。加入洋葱碎、百里香、肉桂叶、大蒜碎和科伦坡粉。

2. 锅中倒入1升水,没过食材。盖上锅盖放入烤箱加热1小时40分钟。出炉半小时前,加入红薯块和盐。

注:科伦坡粉为斯里兰卡地区的一种传统香料。可选用印度咖喱粉代替。

6 人份

食材准备:20分钟
预热温度:180℃
加热时长:1小时40分钟

好像飞到了安的列斯群岛！

墨西哥煨牛肉

牛肉 1千克
洋葱 1个 切丝
红椒 1个 切丝
辣椒粉 1汤匙
红豇豆 300克
孜然 1汤匙
番茄 1千克 切丁
香菜 数根
橄榄油 少许
盐 少许

做法

1. 前一晚,将红豇豆泡在一大碗水里。

2. 牛肉入锅,加少许橄榄油略煎,加入洋葱丝、红椒丝、番茄丁、红豇豆、孜然和一杯水。

3. 盖上锅盖,放入烤箱加热1小时50分钟。出炉后加盐,上桌前撒上香菜碎。

6 人份

食材准备:25分钟
浸泡时间:1晚
预热温度:180℃
加热时长:1小时50分钟

纯正墨西哥风味！

勃艮第炖牛肉

做法

1. 将牛肉抹上面粉，放入加了少许橄榄油的锅中略煎。随后加入烟熏五花肉、洋葱块、胡萝卜块、白蘑菇、迷迭香，将大蒜瓣放在靠近锅的边缘处。

2. 加入红葡萄酒、2小撮盐，盖上锅盖放入烤箱加热3小时45分钟。出锅前3分钟可以再加入一杯红葡萄酒，这样酱汁味道更鲜香。

6人份

食材准备：20分钟
预热温度：180℃
加热时长：3小时45分钟

- 洋葱 1个 切块
- 胡萝卜 2根 切块
- 大蒜 3瓣
- 烟熏五花肉 150克
- 橄榄油 适量
- 面粉 1汤匙
- 白蘑菇 6个 对半切
- 迷迭香 1枝
- 牛肉 1.5千克
- 勃艮第红葡萄酒 750毫升
- 盐 适量

炖得越久越好吃！

迷迭香啤酒炖牛肉

- 牛肉 1.4千克
- 第戎芥末 1汤匙
- 烟熏五花肉 250克
- 大蒜 1瓣
- 迷迭香 2枝
- 面粉 1汤匙
- 洋葱 1个 切丝
- 黄油适量
- 比利时棕啤 750毫升
- 粗粒红糖 1汤匙
- 盐、黑胡椒粉 适量

做法

1. 将牛肉均匀抹上面粉,锅中放入黄油后略煎一下牛肉。再加入烟熏五花肉、洋葱丝、大蒜瓣和百里香。

2. 锅中加入啤酒、第戎芥末和粗粒红糖。盖上锅盖,放入烤箱加热2小时10分钟。出炉后再加入盐、黑胡椒粉。

6 人份

食材准备:15分钟

预热温度:180℃

加热时长:2小时10分钟

配上香料面包，好吃极了！

惊喜白菜包

北非香料粉 3咖啡匙（"店里的上等货"包括：肉桂、丁香、胡椒、辣椒、姜黄、番红花……）

小牛肉馅 900克

黄油 适量

洋葱 2个小的 切碎

白菜 1棵 撕成叶

大蒜 2瓣 切碎

白葡萄酒 12毫升

肉桂叶 2叶

盐 黑胡椒粉 适量

做法

1. 将肉馅和1咖啡匙北非香料粉混合，加入一半的洋葱碎和大蒜碎，用盐和黑胡椒粉调味，然后团成12个丸子。

2. 滚水中加盐，将白菜叶下锅氽10秒后捞出。每个丸子都用两片菜叶包好并用细线缠好，然后放入铸铁锅中，用黄油微微煎一下，再加入剩下的北非香料粉、肉桂叶、洋葱和大蒜碎，小火煨炖3分钟。

3. 加入白葡萄酒和一杯水。盖上锅盖，放入烤箱加热35分钟。

6人份

食材准备：20分钟
预热温度：180℃
加热时长：35分钟

肉馅中藏着惊喜！

百里香烤小牛肉

- 黄油适量
- 小牛肉 1.2千克
- 土豆 600克 切成薄片
- 鸡汤浓缩块 1块
- 大蒜 1瓣
- 面包屑 2汤匙
- 百里香碎 2汤匙
- 盐 黑胡椒粉 适量

做法

1. 锅中将大蒜、面包屑、百里香碎和榛子大小的黄油混合，随后加入盐。将牛肉放入略煎。

2. 将土豆片围着烤肉边上一片片摆好。加入330毫升水和鸡汤浓缩块，用黑胡椒粉调味。

3. 在牛肉表面撒百里香碎，放入烤箱加热1小时25分钟。

6 人份

食材准备：30分钟

预热温度：180℃

加热时长：1小时25分钟

这是来自法国南方的味道。

洋蓟煨小牛肉

1 牛肉入锅略煎一下，加入洋葱丝、柠檬迷迭香。再加入330毫升水，加盐、卡宴辣椒。盖上锅盖放入烤箱加热35分钟。

2 剥去洋蓟最外层的叶子，把茎从顶端切除，并从下部把绿色叶片撕除。随后将洋蓟从中间切成两半，浸入加了一个柠檬挤汁的水中。

3 洋蓟入锅，加入5片柠檬，放入烤箱加热40分钟。

4 人份

食材准备：20分钟
预热温度：180℃
加热时长：1小时15分钟

洋葱 1个 切碎
洋蓟 6个
柠檬迷迭香 3枝
柠檬 2个 切片
盐 黄油 适量
牛肉 800克
卡宴辣椒 (CAYENNE PEPPER) 3小撮（可用辣椒粉）

加上蘑菇一起炖，味道就更赞了！

黄酒炒牛肉

做法

1. 牛肉抹盐、面粉，入锅用黄油煎一下。加入胡萝卜、大葱段、带着蒜皮的蒜瓣，翻炒2分钟。

2. 锅中倒入黄酒，加入1升水和黑胡椒粒。盖上锅盖小火煨炖1小时15分钟。上桌前加入龙蒿菜。

6人份

食材准备：15分钟

加热时长：1小时15分钟

- 面粉 1汤匙
- 大葱 1根 切段
- 黄酒 300毫升
- 牛肉 1.4千克
- 手指胡萝卜 6根
- 大蒜 2瓣
- 黑胡椒 10粒
- 龙蒿菜 三分之一束

趁热吃，一刻也别等！

盐腌肉煨蔬菜

- 盐腌肉 1公斤（脊骨肉、腿肉、胸口肉）
- 土豆 400克
- 芜菁（大头菜）1个
- 新鲜洋葱 1个
- 迷你香肠 3根
- 丁香花蕾 3朵
- 手指胡萝卜 6根
- 圆白菜 半个 切成6瓣

做法

1. 将盐腌肉放在凉水中浸泡两小时，期间换几次水。

2. 把丁香花蕾捆扎在洋葱表皮上。将所有食材放入锅中，加入冷水。盖上锅盖，文火煨炖1小时30分钟。

6 人份

食材准备：25分钟

浸泡时长：2小时

加热时长：1小时30分钟

心情好极了！

苹果酒炖猪脸肉

- 猪脸肉 1.6公斤
- 黄芥末 2汤匙
- 芹菜 2棵 切丁
- 肉桂叶 2片
- 百里香 2枝
- 香芹叶 2枝
- 橄榄油 适量
- 面粉 1汤匙
- 盐 适量
- 天然苹果酒 750毫升

做法

1 猪脸肉抹盐、涂一层面粉。锅中加入橄榄油,将肉微微煎一下。

2 加入苹果酒、百里香、肉桂叶和黄芥末。盖上锅盖小火煨炖2小时,苹果酒微滚入味。

3 出锅前20分钟,加入芹菜丁和2撮盐。上桌食用前,撒上香芹叶。

6 人份

食材准备:15分钟

加热时长:2小时

配上香煎土豆，再好吃不过了！

照烧汁焦糖猪肉

做法

1 锅中加入葵花籽油,将猪里脊微微煎一下。加入姜、柠檬草,搅拌两分钟。

2 加入照烧汁和一杯水。撒上芝麻,盖上锅盖放入烤箱加热1小时40分钟。

3 食用前撒一些香菜碎、青柠檬挤汁。

4 人份

食材准备:20分钟
预热温度:180℃
加热时长:1小时40分钟

照烧汁 3汤匙
葵花籽油 适量
青柠檬 1个
姜 70克
柠檬草 2根 切碎
香菜 4根 切碎
猪里脊 800克
芝麻 3小撮

比餐厅做的都好吃呢！

香辣番茄炖香肠

- 洋葱 1个大个的 切碎
- 大蒜 3瓣 切碎
- 摩洛哥混合香料 1汤匙
- 番茄 1千克 切成小块
- 香肠 4根 每根切成6块
- 姜 30克 切成末
- 橄榄油 适量
- 盐 适量
- 百里香 2枝

做法

1. 锅中放入橄榄油,放入香肠块煸一下。加入洋葱碎、大蒜碎、姜末和百里香。

2. 将混合物在锅中搅拌2分钟,加入番茄、摩洛哥香料、3小撮盐。盖上锅盖放入烤箱加热40分钟。

注:摩洛哥混合香料可在网店购买。也可根据自己口味混合调配。

4 人份

食材准备:25分钟
预热温度:180℃
加热时长:40分钟

小心！这道菜很快就会被吃光的！

平菇兔肉

做法

1. 锅中放入少许葵花籽油和黄油，微微煎一下兔肉。再加入小洋葱、香料包，5分钟后加入平菇。

2. 倒入意大利黑醋用以调味，也可防止粘锅，待收汁到只剩一半时，加入奶油。

3. 放入烤箱加热40分钟。上桌前撒上欧芹叶末。

6人份

食材准备：25分钟
预热温度：180℃
加热时长：40分钟

- 兔肉 切成6块
- 香料包 1个（百里香、肉桂叶等）
- 葵花籽油 适量
- 欧芹叶 数根 切碎
- 小洋葱 15个
- 奶油 330毫升
- 黄油适量
- 平菇 600克
- 意大利黑醋 2汤匙

注意火候！

绿咖喱牡蛎

牡蛎 4千克 洗净

椰奶 1升

绿咖喱膏 1汤匙

洋葱 2个 切碎

红椒 1个 切丝

做法

1 锅中用油煸炒一下洋葱和红椒丝。加入绿咖喱膏和椰奶,加热2分钟。

2 牡蛎入锅。盖上锅盖,大火加热5分钟,直到牡蛎外壳全部打开。

4 人份

食材准备:15分钟

加热时长:5分钟

别忘了配薯条吃!

樱桃番茄炖章鱼

做法

1. 在加了盐的滚水中煮章鱼50分钟。

2. 锅中加入少许橄榄油，翻炒洋葱碎、大蒜末和芹菜段。加入三分之二的樱桃番茄、白砂糖、意大利黑醋、百里香，用适量盐和黑胡椒粉调味。

3. 锅中加入章鱼和一些煮章鱼的水。盖上锅盖，小火煨炖30分钟。在出锅前5分钟，加入其余的樱桃番茄。

6 人份

食材准备：15分钟

加热时长：1小时35分钟

盐 黑胡椒粉 适量
大蒜 3瓣 切碎
意大利黑醋 2汤匙
生章鱼 1.3千克
洋葱 1个 切碎
樱桃番茄 1千克 对半切
橄榄油 适量
芹菜 3根 切段
百里香 1枝
白砂糖 2汤匙

如果实在来不及,就只好用煮熟的章鱼啦!

做法

1 青柠檬切半,挤柠檬汁备用。锅中放入鲷鱼段、番茄、洋葱碎、辣椒粉、青红椒丝和柠檬汁,放入冰箱冷藏腌制1小时。

2 将锅从冰箱中取出后加入椰奶,盖上锅盖放入烤箱加热10分钟。上桌前撒上香菜碎,再挤上柠檬汁。

4 人份

食材准备:15分钟
腌制时长:1小时
预热温度:180℃
加热时长:10分钟

鲷鱼杂烩

- 香菜 几根 切碎
- 青柠檬 1个
- 鲷鱼段 600克
- 红椒、青椒 各半个 切丝
- 椰奶 660毫升
- 洋葱 切碎
- 番茄 2个 切小块
- 辣椒粉 1咖啡匙

巴西风味！

白汁鲽鱼

- 鲽鱼段 1.8 千克
- 淡奶油 660毫升
- 香芹叶 几枝 切碎
- 盐 黑胡椒粉 适量
- 胡萝卜 4根 每根切成3段
- 西芹 2根 切块
- 白葡萄酒 200毫升
- 洋葱 数个 切块

做法

1. 将洋葱、胡萝卜、西芹、白葡萄酒和淡奶油下锅。加盐、黑胡椒粉调味,加热10分钟。

2. 出锅前加入鱼肉段。盖上锅盖,文火煨炖4分钟。上桌前撒上香芹叶。

6 人份

食材准备:15分钟

加热时长:14分钟

不仅制作简单，还特别快！

藏红花海鲜奶油杂烩

做法

1 锅中加入适量橄榄油,煸炒一下洋葱。加入白葡萄酒、柠檬百里香、奶油和藏红花。

2 依次加入各种海鲜,先放入大个的和烹饪时间长的。盖上锅盖,文火煨炖10分钟。

4 人份

食材准备:10分钟
加热时长:10分钟

混合四种喜欢的海鲜(4人量)

橄榄油 适量

柠檬百里香 数枝

小个洋葱 2个 切碎

藏红花 少许

打稠的淡奶油 500毫升

白葡萄酒 120毫升

加数滴Tabasco辣椒酱更好吃!

辣炖菜花

- 辣椒面 1汤匙
- 大葱 3根 切碎
- 印度玛莎拉香料粉 1汤匙
- 菜花 2棵 切大花块状
- 玉米淀粉 1汤匙
- 酱油 100毫升
- 橄榄油 适量
- 番茄酱 330毫升
- 姜 40克 切成薄片

做法

1. 酱油中加入玉米淀粉稀释调和。锅中加入橄榄油,下姜片爆香,再加入酱油、番茄酱、香料粉,沸滚5分钟。

2. 菜花入滚水焯1分钟,捞出备用。再将焯过的菜花块和香葱入锅,盖上锅盖,放入烤箱加热30分钟。

6 人份

食材准备:20分钟
预热温度:180℃
加热时长:35分钟

冬日暖身菜！

橘子炖苦苣

做法

1 将3个橘子榨汁，剩下的3个橘子剥皮后，每个切成四瓣。锅中放入白砂糖加热制成焦糖，加入苦苣、黄油后炒一下。

2 锅中倒入榨好的橘子汁。加入剩下的橘子瓣、柠檬百里香、盐和黑胡椒粉。盖上锅盖放入烤箱加热30分钟。

4 人份

食材准备：10分钟
预热温度：200℃
加热时长：30分钟

苦苣 8个 对半切开
白砂糖 3汤匙
柠檬百里香 3小撮
橘子 6个
盐 黑胡椒粉 适量
黄油 适量

吃完后，不快的记忆都烟消云散！

田园蔬菜锅

做法

1. 锅中加入少量橄榄油、洋葱、不去皮的大蒜瓣、芜菁和芹菜,煸炒5分钟。

2. 接着将西葫芦、茄子和牛至下锅。加盐、黑胡椒粉调味,盖上锅盖,文火加热20分钟。

6人份

食材准备:15分钟

加热时长:25分钟

芜菁(大头菜) 3个 切块
芹菜 3根 切块
盐 黑胡椒粉 适量
洋葱 1捆 切块
大蒜 3瓣
西葫芦 3个 切块
牛至 数枝
茄子 2个 切块
橄榄油 适量

一道简单的健康菜！

意式芝麻菜青酱烩饭

洋葱 1个 切碎

芝麻菜 300克

帕尔玛干酪 150克

白葡萄酒 250毫升

意大利米 250克

大蒜 2瓣

松子仁 75克

盐
黑胡椒粉
橄榄油
适量

做法

1 锅中加入橄榄油,翻炒洋葱。加入意大利米,继续炒2分钟。倒入白葡萄酒,等待其收汁至一半。

2 加入两杯水。用少量盐、黑胡椒粉调味。盖上锅盖,文火加热。如果有需要,再倒入一杯水,直到米饭煮熟。

3 将芝麻菜、松子仁、大蒜末、帕尔玛干酪和100毫升橄榄油混合搅拌,制成青酱。米饭配青酱,拌着吃即可。

4 人份

食材准备:10分钟

加热时长:25分钟

舌尖上的意大利之旅，这就够了！

水果塔吉锅

做法

1. 将苹果、菠萝、蜂蜜下锅，加少许黄油和四香粉（可自行调配）。

2. 加一个橙子的榨汁和柠檬汁，融化锅底的蜂蜜。加入芒果、椰枣、无花果和另一个橙子的果肉。

3. 盖上盖子，文火煨炖5分钟。上桌前加入柠檬皮碎。

6人份

食材准备：25分钟
加热时长：15分钟

苹果 1个 切块
橙子 2个
椰枣 12粒 去核
无花果 6颗 每颗切成四瓣
柠檬 1个
蜂蜜 2汤匙
芒果 1个 切块
四香粉 1咖啡匙
菠萝 1个 切块
黄油适量

小心水果烫嘴！

香草焦糖菠萝

做法

1 锅中放入白砂糖加热,制成黏稠的焦糖。加入杏仁、菠萝煎5分钟,至菠萝两面都变色。

2 加入朗姆酒以融化锅底的焦糖,让酒精燃起来。加入八角和香草荚。盖上锅盖文火煨炖5分钟。

4 人份

食材准备:15分钟
加热时长:10分钟

菠萝 1个 切成圆片
朗姆酒 60毫升
杏仁 一小撮
香草荚 1根
白砂糖 4汤匙
八角 2颗

配上香草味冰淇淋球就更享受了!

小豆蔻牛奶布丁

做法

1 在冷水锅中泡洗香米,之后加热,在沸水中滚1分钟,再用流水冲洗。

2 将牛奶煮沸,加入小豆蔻和藏红花。再加入米饭,盖上锅盖放入烤箱加热15分钟。

3 加入白砂糖和葡萄,随后搅拌,在表面撒上腰果碎,再重新放入烤箱加热2分钟。晾温或者冷却后再食用。

4 人份

食材准备:25分钟
预热温度:180℃
加热时长:18分钟

- 小豆蔻 4颗 碾碎
- 白砂糖 80克
- 葡萄 200克 每颗均切半
- 印度巴斯马提香米 100克
- 腰果 一小撮 碾碎
- 全脂牛奶 800毫升
- 藏红花 少许

这可是具有
浓郁印度风情的地道甜点哦！

红酒烤梨

梨 4个 削皮后对半切开

八角 3颗

橙子 3个

红葡萄酒 500毫升

蜂蜜 6汤匙

桂皮 1根

薄荷 数枝 切碎

做法

1 将橙汁、红葡萄酒、八角、桂皮和蜂蜜放入锅中,加热至微沸。

2 加入梨块,盖上锅盖加热30分钟,中间将梨翻转1次。

3盖上锅盖,让其冷却。如果汁液被吸收得太多,就再加少许橙汁。上桌前撒上薄荷碎。

6 人份

食材准备:20分钟

加热时长:35分钟

梨子的清爽与红酒的香醇——
天作之合!

我的购物清单

 P. 8

红甜椒秘汁鸡
柠檬 半个+3个 切片
洋葱 半个 切碎
杏仁 20克 切碎
鸡腿 8个
樱桃番茄 500克 中间切开
红甜椒粉 3汤匙
香菜 1小把
盐、橄榄油 适量

 P. 12

香草白母鸡
鸡 1只
鸡汤浓缩块 1块
香料包（百里香、月桂叶）1包
面粉 1汤匙
洋葱 1个 切碎
香龙蒿、欧芹、香叶芹 各三分之一束
白葡萄酒 120毫升
盐、黑胡椒粉、橄榄油 适量

 P. 16

鹌鹑炖卷心菜
橄榄油 适量
鹌鹑 3只
卷心菜 半个
大蒜 1瓣 切碎
牛至末 1汤匙
小个洋葱 9个
意大利熏脊肉 6薄片
盐、黑胡椒粉 少许

 P. 20

猪膘鼠尾草
鼠尾草 数枝
鸡蛋 2个
全脂牛奶 75毫升
盐、黑胡椒粉 适量
帕尔玛干酪 50克
松子 1把
面包屑 3汤匙
烟熏猪膘块 200克
面粉 8汤匙
意大利乳清干酪 500克

 P. 10

红咖喱鸡肉丸子
椰奶 500毫升
芝麻 半汤匙
柠檬草 2根 切碎
鸡胸肉 700克
小葱 2根 切碎
红咖喱膏 1汤匙
姜 50g 切成丝
盐 适量

 P. 14

红菜头烤仔鸡
盐、黑胡椒粉、橄榄油 适量
鸡汤浓缩块 1块
香醋 60毫升
香草束（百里香、月桂叶）
红菜头 1个 切块
大仔鸡 1只
洋姜 200克 切块
薄荷 4小枝

 P. 18

血橙烤鸭
香料碎 1包
鸭胸肉 3块 每块对半切
甜菜头 400克 切薄片
血橙 6个
盐、黑胡椒粉 适量

 P. 22

西班牙辣味香肠面
鸟舌面 500克
百里香 数枝
洋葱 1个 切碎
白葡萄酒 12毫升
番茄 4个 切成碎丁
橄榄油 适量
西班牙辣味香肠 1条 切丁
大蒜 2瓣 切碎

P. 24

北非辣椒油浸羊腿
羊腿肉 1.2千克 去骨
薄荷 3枝
香菜 3根
北非红辣椒酱 2汤匙
蜂蜜 2汤匙
柠檬百里香 3小把
大蒜 3瓣

 P. 28

无花果油封羊排
羊肋排 5条
薄荷 数枝
黄油 适量
干无花果 18颗
芫荽籽 1咖啡匙
姜粉 1咖啡匙
盐 少许

 P. 32

番茄汁煨牛肉丸
番茄 800克 切丁
橄榄 1把
牛肉馅 900克
橄榄油 适量
洋葱 1个 切丝
大蒜 3瓣 切碎
孜然 1汤匙
罗勒 1把
红辣椒粉 1汤匙
盐 适量

 P. 36

科伦坡粉烩牛肉
面粉 1汤匙
红薯 1大个 切成方块
牛肉 1.3千克
大蒜 3瓣 切碎
科伦坡粉 2汤匙
百里香 3枝
洋葱 1个 切碎
盐 少许
肉桂叶 2片

 P. 26

唐杜里咖喱羊肉
奶油 500毫升
蔬菜叶子（自选）1把 撕成碎状
橄榄油 适量
羊肉 1.4千克 切成块
唐杜里咖喱粉 2汤匙
盐 适量

 P. 30

紫甘蓝苹果小羊腿
小羊腿 2个
蜂蜜 1汤匙
红苹果 2个 切块
紫甘蓝 半个 切丝
肉桂叶 2片
盐、黑胡椒粉 少许
四香粉 1咖啡匙（白胡椒、肉豆蔻、姜、丁香）
红葡萄酒 1杯

 P. 34

藏红花炖牛肉
洋葱 1个 切成两半
丁香花蕾 3颗
土豆 6个
牛肉（带髓骨的牛尾）2千克
藏红花 少许
胡萝卜 3根
百里香 数枝
大葱 2棵 切成两段
芜菁（大头菜）3个
盐 少许

 P. 38

墨西哥煨牛肉
牛肉 1千克
洋葱 1个 切丝
红椒 1个 切丝
辣椒粉 1汤匙
红豇豆 300克
孜然 1汤匙
番茄 1千克 切丁
香菜 数根
盐、橄榄油 少许

P. 40

勃艮第炖牛肉
洋葱 1个 切块
胡萝卜 2根 切块
烟熏五花肉 150克
橄榄油 适量
面粉 1汤匙
白蘑菇 6个 对半切
大蒜 3瓣
牛肉 1.5千克
勃艮第红葡萄酒 750毫升
迷迭香 1枝
盐 适量

 P. 42

迷迭香啤酒炖牛肉
牛肉 1.4千克
第戎芥末 1汤匙
烟熏五花肉 250克
大蒜 1瓣
迷迭香 2枝
面粉 1汤匙
洋葱 1个 切丝
黄油 适量
比利时棕啤 750毫升
粗粒红糖 1汤匙
盐、黑胡椒粉 适量

 P. 44

惊喜白菜包
小牛肉馅 900克
黄油 适量
北非香料 3咖啡匙("店里的上等货"包括：肉桂、丁香、胡椒、辣椒、姜黄、番红花……)
洋葱 2个小的 切碎
肉桂叶 2叶
大蒜 2瓣 切碎
白菜 1棵 撕成叶
盐、黑胡椒粉 适量
白葡萄酒 12毫升

 P. 46

百里香烤小牛肉
小牛肉 1.2千克
土豆 600克 切成薄片
黄油 适量
大蒜 1瓣
鸡汤浓缩块 1块
面包屑 2汤匙
百里香碎 2汤匙
盐、黑胡椒粉 适量

 P. 48

洋蓟煨小牛肉
洋葱 1个 切碎
朝鲜蓟 6个 椒盐
柠檬迷迭香 3枝
柠檬 2个
盐、黄油 适量
牛肉 800克
卡宴辣椒（Cayenne pepper）3小撮

 P. 50

黄酒炒牛肉
大葱 1根 切段
面粉 1汤匙
黄酒 300毫升
牛肉 1.4千克
手指胡萝卜 6个
大蒜 2瓣
黄油 适量
黑胡椒 10粒
龙蒿菜 三分之一束
盐 少许

 P. 52

盐腌肉煨蔬菜
盐腌肉 1公斤（脊骨肉、腿肉、胸口肉）
芜菁（大头菜）1个
土豆 400g
迷你香肠 3根
丁香花蕾 3朵
手指胡萝卜 1捆
新鲜洋葱 1个
圆白菜 半个 切成6瓣

 P. 54

苹果酒炖猪脸肉
猪脸颊肉 1.6公斤
黄芥末 2汤匙
芹菜 2根 切块
肉桂叶 2片
百里香 2枝
香芹叶 2枝
橄榄油 适量
面粉 1汤匙
盐 适量
天然苹果酒 750毫升

P. 56

照烧汁焦糖猪肉
照烧汁 3汤匙
青柠檬 1个
柠檬草 2根 切碎
姜 70克
猪里脊 800克
芝麻 3小撮
葵花油 适量
香菜 4根 切碎

 P. 60

平菇兔肉
兔肉 切成6块
香料包 1个（百里香、肉桂叶等）
葵花油 适量
香芹叶 数根 切碎
小洋葱 15个
奶油 330毫升
黄油 适量
平菇 600克
黑醋 2汤匙

 P. 64

樱桃番茄炖章鱼
生章鱼 1.3千克
大蒜 3瓣 切碎
黑醋 2汤匙
洋葱 1个 切碎
樱桃番茄 1千克 对半切
芹菜 3根 切段
橄榄油 适量
盐、黑胡椒粉 适量
白砂糖 2汤匙
百里香 1枝

 P. 68

白汁鲽鱼
鲽鱼段 1.8千克
淡奶油 660毫升
胡萝卜 4根 每根切成3段
香芹叶 几枝 切碎
盐、黑胡椒粉 适量
白葡萄酒 200毫升
西芹 2根 切块
新鲜洋葱 数个 切块

 P. 58

香辣番茄炖香肠
洋葱 1个大个的 切碎
摩洛哥混合香料 1汤匙
大蒜 3瓣 切碎
番茄 1千克 切成小块
图卢兹香肠 4根 每根切成6块
姜 30克 切碎
橄榄油 适量
盐 适量
百里香 2枝

 P. 62

绿咖喱牡蛎
牡蛎 4千克 洗净
椰奶 1升
绿咖喱膏 1汤匙
洋葱 2个 切碎
红椒 1个 切丝

 P. 66

鲷鱼杂烩
香菜 几根 切碎
青柠檬 1个
鲷鱼鱼肉段 600克
红椒、青椒 各半个 切丝
洋葱 切碎
番茄 2个 切小块
椰奶 660毫升
辣椒粉 1咖啡匙

 P. 70

藏红花海鲜奶油杂烩
橄榄油 适量
混合四种喜欢的海鲜 4人量
柠檬百里香 数枝
小个洋葱 2个 切碎
藏红花 少许
打稠的淡奶油 500毫升
白葡萄酒 120毫升

P. 72

辣炖菜花
辣椒面 1汤匙
香葱 3根 切碎
印度玛莎拉香料粉 1汤匙
菜花 2棵 切大花块状
玉米淀粉 1汤匙
酱油 100毫升
橄榄油 适量
番茄肉酱 330毫升
姜 40克 切成薄片

 P. 76

田园蔬菜锅
芜菁 3个 切块
芹菜 3根 切块
盐、黑胡椒粉 适量
新鲜洋葱 1捆 切块
大蒜 3瓣
西葫芦 3个 切块
牛至 数枝
茄子 2个 切块
橄榄油 适量

 P. 80

水果塔吉锅
橙子 2个
苹果 1个 切块
椰枣 12粒 去核
无花果 6颗 每颗切成四瓣
柠檬 1个
蜂蜜 2汤匙
芒果 1个 切块
四香粉 1咖啡匙
菠萝 1个 切块
黄油 适量

 P. 84

小豆蔻牛奶布丁
小豆蔻 4颗 碾碎
白砂糖 80克
印度巴斯马提香米 100克
葡萄 200克 每颗均切半
藏红花 少许
全脂牛奶 800毫升
腰果 一小撮 碾碎

 P. 74

橘子炖苦苣
苦苣 8个 对半切开
白砂糖 3汤匙
柠檬百里香 3小撮
盐、黑胡椒粉 适量
橘子 6个
黄油 适量

 P. 78

意式芝麻菜青酱烩饭
洋葱 1个 切碎
芝麻菜 300克
帕尔玛干酪 150克
白葡萄酒 250毫升
大蒜 2瓣
意大利米 250克
松子仁 75克
盐、黑胡椒粉、橄榄油 适量

 P. 82

香草焦糖菠萝
菠萝 1个 切成圆片
朗姆酒 60毫升
杏仁 1小撮
香草荚 1根
白砂糖 4汤匙
八角 2颗

 P. 86

红酒烤梨
梨 4个 削皮后对半切开
八角 3颗
红葡萄酒 500毫升
橙子 3个
薄荷 数枝 切碎
蜂蜜 6汤匙
桂皮 1根

索引

羊肉
第 26 页 唐杜里咖喱羊肉
第 28 页 无花果油封羊排
第 24 页 北非辣椒油浸羊腿
第 30 页 紫甘蓝苹果小羊腿

杏仁
第 8 页 红甜椒秘汁鸡
第 82 页 香草焦糖菠萝

菠萝
第 82 页 香草焦糖菠萝
第 80 页 水果塔吉锅

洋蓟
第 48 页 洋蓟煨小牛肉

茄子
第 76 页 田园蔬菜锅

红菜头
第 18 页 血橙烤鸭
第 14 页 红菜头烤仔鸡

啤酒
第 42 页 迷迭香啤酒炖牛肉

唐杜里咖喱
第 26 页 唐杜里咖喱羊肉

牛肉
第 32 页 番茄汁煨牛肉丸
第 40 页 勃艮第炖牛肉
第 42 页 迷迭香啤酒炖牛肉
第 36 页 科伦坡粉烩牛肉
第 38 页 墨西哥煨牛肉

鹌鹑
第 16 页 鹌鹑炖卷心菜

鸭子
第 18 页 血橙烤鸭

桂皮
第 86 页 红酒烤梨

胡萝卜
第 68 页 白汁鲽鱼
第 40 页 勃艮第炖牛肉
第 52 页 盐腌肉煨蔬菜
第 34 页 藏红花炖牛肉
第 50 页 黄酒炒牛肉

鲽鱼
第 68 页 白汁鲽鱼

芹菜
第 68 页 白汁鲽鱼
第 76 页 田园蔬菜锅
第 54 页 苹果酒炖猪脸肉
第 64 页 樱桃番茄炖章鱼

香菇
第 40 页 勃艮第炖牛肉
第 60 页 平菇兔肉

辣椒粉
第 38 页 墨西哥煨牛肉
第 72 页 辣炖菜花

菜花
第 72 页 辣炖菜花

卷心菜
第 16 页 鹌鹑炖卷心菜
第 44 页 惊喜白菜包
第 52 页 盐腌肉煨蔬菜
第 30 页 紫甘蓝苹果小羊腿

苹果酒
第 54 页 苹果酒炖猪脸肉

柠檬
第 48 页 洋蓟煨小牛肉
第 66 页 鲷鱼杂烩
第 56 页 照烧汁焦糖猪肉
第 8 页 红甜椒秘汁鸡
第 80 页 水果塔吉锅

橘子
第 74 页 橘子炖苦苣

仔鸡
第 14 页 红菜头烤仔鸡

西葫芦
第 76 页 田园蔬菜锅

椰枣
第 80 页 水果塔吉锅

鲷鱼
第 66 页 鲷鱼杂烩

苦苣
第 74 页 橘子炖苦苣

香料
第 26 页 唐杜里咖喱羊肉
第 82 页 香草焦糖菠萝
第 32 页 番茄汁煨牛肉丸
第 44 页 惊喜白菜包
第 72 页 辣炖菜花
第 36 页 科伦坡粉烩牛肉
第 70 页 藏红花海鲜奶油杂烩
第 38 页 墨西哥煨牛肉
第 52 页 盐腌肉煨蔬菜
第 86 页 红酒烤梨
第 34 页 藏红花炖牛肉
第 8 页 红甜椒秘汁鸡
第 84 页 小豆蔻牛奶布丁
第 58 页 香辣番茄炖香肠
第 30 页 紫甘蓝苹果小羊腿

第 80 页 水果塔吉锅

无花果
第 28 页 无花果油封羊排
第 80 页 水果塔吉锅

海鲜
第 70 页 藏红花海鲜奶油杂烩
第 62 页 绿咖喱牡蛎
第 64 页 樱桃番茄炖章鱼

姜
第 10 页 红咖喱鸡肉丸子
第 28 页 无花果油封羊排
第 72 页 辣炖菜花
第 56 页 照烧汁焦糖猪肉
第 58 页 香辣番茄炖香肠

芝麻
第 10 页 红咖喱鸡肉丸子
第 56 页 照烧汁焦糖猪肉

红豆
第 38 页 墨西哥煨牛肉

香草
第 68 页 白汁鲽鱼
第 40 页 勃艮第炖牛肉
第 22 页 西班牙辣味香肠面
第 32 页 番茄汁煨牛肉丸
第 16 页 鹌鹑炖卷心菜
第 18 页 血橙烤鸭
第 42 页 迷迭香啤酒炖牛肉
第 28 页 无花果油封羊排
第 44 页 惊喜白菜包
第 76 页 田园蔬菜锅
第 36 页 科伦坡粉烩牛肉
第 14 页 红菜头烤仔鸡
第 70 页 藏红花海鲜奶油杂烩

第 74 页 橘子炖苦苣
第 24 页 北非辣椒油浸羊腿
第 20 页 猪膘鼠尾草
第 54 页 苹果酒炖猪脸肉
第 60 页 平菇兔肉
第 38 页 墨西哥煨牛肉
第 48 页 洋蓟煨小牛肉
第 66 页 鲷鱼杂烩
第 86 页 红酒烤梨
第 34 页 藏红花炖牛肉
第 12 页 香草白母鸡
第 8 页 红甜椒秘汁鸡
第 64 页 樱桃番茄炖章鱼
第 46 页 百里香烤小牛肉
第 58 页 香辣番茄炖香肠
第 50 页 黄酒炒牛肉
第 30 页 紫甘蓝苹果小羊腿

椰奶
第 10 页 红咖喱鸡肉丸子
第 66 页 鲷鱼杂烩
第 62 页 绿咖喱牡蛎

兔肉
第 60 页 平菇兔肉

芒果
第 80 页 水果塔吉锅

蜂蜜
第 24 页 北非辣椒油浸羊腿
第 86 页 红酒烤梨
第 30 页 紫甘蓝苹果小羊腿
第 80 页 水果塔吉锅
芥末
第 42 页 迷迭香啤酒炖牛肉
第 54 页 苹果酒炖猪脸肉

芜菁
第 76 页 田园蔬菜锅
第 52 页 盐腌肉煨蔬菜
第 34 页 藏红花炖牛肉

橙子
第 18 页 血橙烤鸭
第 86 页 红酒烤梨
第 80 页 水果塔吉锅

帕尔玛奶酪
第 20 页 猪膘鼠尾草
第 78 页 意式芝麻菜青酱烩饭

红薯
第 36 页 科伦坡粉烩牛肉

面
第 22 页 西班牙辣味香肠面

咖喱膏
第 10 页 红咖喱鸡肉丸子
第 62 页 绿咖喱牡蛎

松子仁
第 20 页 猪膘鼠尾草
第 78 页 意式芝麻菜青酱烩饭

辣椒
第 48 页 洋蓟煨小牛肉
第 66 页 鲷鱼杂烩

梨
第 86 页 红酒烤梨

葱
第 34 页 藏红花炖牛肉
第 50 页 黄酒炒牛肉

苹果
第 30 页 紫甘蓝苹果小羊腿

羊腿
第 80 页 水果塔吉锅

土豆
第 52 页 盐腌肉煨蔬菜
第 34 页 藏红花炖牛肉
第 46 页 百里香烤小牛肉

猪肉
第 54 页 苹果酒炖猪脸肉
第 52 页 盐腌肉煨蔬菜
第 56 页 照烧汁焦糖猪肉
第 58 页 香辣番茄炖香肠

母鸡
第 12 页 香草白母鸡

鸡肉
第 10 页 红咖喱鸡肉丸子
第 8 页 红甜椒秘汁鸡

葡萄
第 84 页 小豆蔻牛奶布丁

朗姆酒
第 82 页 香草焦糖菠萝

意大利乳清干酪
第 20 页 猪膘鼠尾草

米饭
第 78 页 意式芝麻菜青酱烩饭
第 84 页 小豆蔻牛奶布丁

芝麻菜
第 78 页 意式芝麻菜青酱烩饭

酱油
第 72 页 辣炒菜花

照烧汁
第 56 页 照烧汁焦糖猪肉

番茄
第 22 页 西班牙辣味香肠面
第 32 页 番茄汁煨牛肉丸
第 38 页 墨西哥煨牛肉
第 66 页 鲷鱼杂烩
第 8 页 红甜椒秘汁鸡
第 64 页 樱桃番茄炖章鱼
第 58 页 香辣番茄炖香肠

红菜头
第 14 页 红菜头烤仔鸡

香草
第 82 页 香草焦糖菠萝

牛肉
第 44 页 惊喜白菜包
第 48 页 洋蓟煨小牛肉
第 46 页 百里香烤小牛肉
第 50 页 黄酒炒牛肉

赫雷斯黑醋
第 14 页 红菜头烤仔鸡
第 60 页 平菇兔肉
第 64 页 樱桃番茄炖章鱼

葡萄酒
第 68 页 白汁鲽鱼
第 40 页 勃艮第炖牛肉
第 22 页 西班牙辣味香肠面
第 44 页 惊喜白菜包
第 70 页 藏红花海鲜奶油杂烩
第 86 页 红酒烤梨
第 12 页 香草白母鸡
第 78 页 意式芝麻菜青酱烩饭
第 50 页 黄酒炒牛肉
第 30 页 紫甘蓝苹果小羊腿

HEY, COCOTTE! © Larousse 2016

Simplified Chinese edition arranged through Dakai Agency Limited.All rights reserved.

This Simplified Chinese edition copyright © 2018 by Publishing House of Electronics Industry(PHEI).

本书简体中文版经由Larousse会同Dakai Agency Limited授予电子工业出版社在中国大陆出版与发行。专有出版权受法律保护。

版权贸易合同登记号　图字：01-2018-3730

图书在版编目（CIP）数据

轻松烹饪，一口铸铁锅就OK！/(法)文森特·阿米艾勒(Vincent Amiel)著；张紫怡译. —北京：电子工业出版社，2018.5
ISBN 978-7-121-34327-8

Ⅰ.①轻… Ⅱ.①文…②张… Ⅲ.①菜谱 Ⅳ.①TS972.1

中国版本图书馆CIP数据核字(2018)第103365号

策划编辑：白　兰
责任编辑：鄂卫华
印　　刷：中国电影出版社印刷厂
装　　订：中国电影出版社印刷厂
出版发行：电子工业出版社
　　　　　北京市海淀区万寿路173信箱　邮编：100036
开　　本：787×1092　1/16　印张：6　字数：85千字
版　　次：2018年5月第1版
印　　次：2018年5月第1次印刷
定　　价：39.80元

凡所购买电子工业出版社图书有缺损问题，请向购买书店调换。若书店售缺，请与本社发行部联系，联系及邮购电话：(010) 88254888，88258888。
质量投诉请发邮件至zlts@phei.com.cn，盗版侵权举报请发邮件至dbqq@phei.com.cn。
本书咨询电邮：bailan@phei.com.cn　咨询电话：(010) 68250802